AF475147

NOTE

SUR

LES EXPÉRIENCES DE M. PECQUEUR,

RELATIVES

A L'ÉCOULEMENT DE L'AIR DANS LES TUBES,

ET SUR D'AUTRES EXPÉRIENCES AVEC ORIFICES EN MINCES PAROIS;

PAR M. PONCELET,
Membre de l'Institut (Académie des Sciences).

PARIS,
BACHELIER, IMPRIMEUR-LIBRAIRE
DE L'ÉCOLE POLYTECHNIQUE, DU BUREAU DES LONGITUDES, ETC.,
Quai des Augustins, n° 55.

1845.

INSTITUT DE FRANCE.

ACADÉMIE ROYALE DES SCIENCES.

Extrait des *Comptes rendus des séances de l'Académie des Sciences*, tome XXI, séance du 21 juillet 1845.

NOTE

SUR

LES EXPÉRIENCES DE M. PECQUEUR,

RELATIVES

A L'ÉCOULEMENT DE L'AIR DANS LES TUBES,

ET SUR D'AUTRES EXPÉRIENCES AVEC ORIFICES EN MINCES PAROIS;

PAR M. PONCELET.

« Dans une récente communication (*voir* la séance du 23 juin dernier), M. Pecqueur, l'un de nos plus habiles mécaniciens, bien connu de l'Académie par d'utiles, de remarquables inventions, vient de lui présenter un résumé de nombreuses et intéressantes expériences sur l'écoulement de l'air dans les tuyaux de conduite, expériences qu'il a exécutées en mai et juin derniers, avec MM. Bontemps et Zambaux, associés à ses travaux. Le but spécial et pratique de ces expériences est de déterminer la perte de force motrice opérée par l'écoulement de l'air au travers des longs tubes d'alimentation de l'ingénieux système de chemin de fer, à air comprimé, qu'ils ont soumis à l'examen de l'Académie dans la séance du 17 juin 1844, afin de mettre ses Commissaires en mesure de prononcer sur le mérite de l'invention.

» En lui adressant ce résumé d'expériences, M. Pecqueur manifeste le désir que les principaux résultats en soient vérifiés par la Commission avant l'enlèvement des appareils, et que l'application des lois qu'ils indiquent en soit faite à l'appréciation de son système de chemin de fer atmosphérique. Dans ces expériences, on se servait d'une grande chaudière en tôle de fer, rivée et à tubes bouilleurs, nommée *magasin*, de la contenance de 2926 litres, et dans laquelle l'air était refoulé au moyen d'une pompe à compression, mue par la machine à vapeur à rotation immédiate de M. Pecqueur. Le faible intervalle de temps qui devait s'écouler entre la séance du lundi 23 juin et l'époque de la livraison de cette chaudière, l'importance même des résultats obtenus, me déterminèrent à accepter, avec empressement, l'offre obligeante que M. Pecqueur voulut bien me faire de visiter ses appareils, et de les soumettre à quelques expériences avant la présentation officielle du Mémoire à l'Académie, et la réunion des membres de la Commission dont j'ai l'honneur de faire partie. J'ai pensé qu'en attendant l'époque où il deviendrait possible à cette Commission de porter un jugement motivé sur le chemin de fer atmosphérique de M. Pecqueur, l'Académie et le public scientifique ou industriel, recevraient avec intérêt la communication des principaux résultats des expériences auxquelles cet ingénieur s'est livré conjointement avec MM. Bontemps et Zambaux, ainsi que des expériences complémentaires qu'ils ont bien voulu entreprendre le 21 juin, en ma présence et à ma sollicitation, dans la vue d'éclaircir quelques points délicats et jusqu'ici controversés, concernant les lois de l'écoulement des gaz.

» L'appareil dont M. Pecqueur s'est servi dans ses expériences se composait du grand réservoir ou magasin dont il a été parlé et dans lequel l'air était refoulé à plusieurs atmosphères ; d'un autre réservoir plus petit en tôle mince de cuivre, nommé *grand récipient*, de la contenance de 180 litres, qui communiquait avec le magasin par un tube de $0^{m},80$ de longueur, $0^{m},04$ de diamètre, muni d'un robinet à l'entrée; enfin, d'un dernier réservoir de 55 litres, qui communiquait, avec le précédent, au moyen de tubes en plomb, de divers diamètres et longueurs, dans lesquels on s'était proposé de faire couler l'air sous des différences de pressions plus ou moins grandes. Chacun des trois réservoirs était muni d'un manomètre à mercure et à air libre, servant à mesurer l'excès de la pression intérieure sur celle de l'atmosphère; le petit récipient était, en outre, muni d'un robinet qui, en permettant de lâcher plus ou moins d'air au dehors, servait à maintenir la pression à un état constant pendant la durée de l'expérience.

» Après le refoulement de l'air dans le magasin et la fermeture du robinet d'admission de cet air, qui s'y trouvait ainsi condensé à plusieurs atmosphères, l'un des observateurs était occupé à régler l'ouverture du robinet d'écoulement de ce magasin, de manière à maintenir l'air du grand récipient à une pression constante au-dessus de celle que le second observateur tâchait de maintenir pareillement constante dans le petit récipient. Un troisième observateur était occupé à compter le nombre des oscillations d'un pendule à secondes pendant la durée de l'expérience, dont le commencement correspondait à l'instant précis où la tension décroissante dans le magasin se trouvait de $\frac{1}{2}$ atmosphère au-dessus de la tension fixe du grand récipient, tandis que la fin correspondait à l'instant même où le manomètre du magasin se trouvait abaissé au niveau de celui du grand récipient.

» Il résultait effectivement de ce dispositif, qu'en négligeant la faible différence existant entre la pression barométrique extérieure et la pression atmosphérique moyenne, mesurée par une colonne de $0^m,76$ de mercure, le volume de l'air écoulé, ramené à cette dernière pression, devait être équivalent à la moitié de la capacité du grand magasin, soit 1463 litres, en négligeant, d'autre part, le faible abaissement de température survenu, dans ce même magasin, par l'effet de la dilatation de l'air qu'il contenait primitivement. En divisant le volume de 1463 litres ou $1^{mc},463$ par le nombre de secondes observé au pendule, MM. Pecqueur, Bontemps et Zambaux obtenaient le volume de la dépense par seconde, qu'ils ramenaient, par un calcul facile, à la pression intérieure du grand récipient, afin d'en conclure la vitesse d'écoulement de l'air dans les tubes servant à établir la communication avec le petit récipient.

» Le rapprochement et la comparaison des nombreux résultats ainsi obtenus avec des tubes de 4 à 68 mètres de longueur, de 1 à 3 centimètres de diamètre, dans des circonstances où la pression effective a varié entre $3\frac{1}{2}$ et 2 atmosphères dans le grand récipient et entre $3\frac{1}{4}$ et 1 atmosphère dans le petit, sous des différences de pression ou charges motrices comprises entre $\frac{1}{4}$ et $\frac{4}{4}$ d'atmosphère, et qui se sont élevées jusqu'à la moitié de la pression absolue du grand récipient, ce rapprochement, cette comparaison, disons-nous, ont conduit M. Pecqueur aux conséquences suivantes :

» 1°. *Pour un tuyau donné, la durée de l'écoulement d'un même poids d'air, ou d'un même volume sous la tension du grand récipient, est en raison inverse de la racine carrée de la différence des pressions ou des densités de l'air dans les deux récipients ;*

» 2°. *Toutes choses égales d'ailleurs, cette même durée est en raison directe de la racine carrée des longueurs des tuyaux ;*

» 3°. *Par conséquent, les vitesses d'écoulement sous la densité du réservoir ou grand récipient sont proportionnelles à la racine carrée du rapport de la différence des pressions à la longueur des tuyaux lorsque ceux-ci ont le même diamètre ;*

» 4°. *Pour des tuyaux de même longueur et dans lesquels l'air est soumis aux mêmes pressions, tant en amont qu'en aval, les vitesses sont en raison directe de la racine cubique de l'aire des sections.*

» De ces quatre lois, la première et l'énoncé qui lui correspond dans la troisième sont conformes à celle que l'on déduit de l'ancienne théorie où l'on suppose que les gaz, soumis à une différence de pression constante, s'écoulent sans détente et à la manière des fluides incompressibles, c'est-à-dire en conservant la densité qu'ils avaient dans le réservoir; théorie qui n'avait, jusqu'ici, été vérifiée que par les résultats des expériences de MM. Girard et d'Aubuisson, exécutées sous des différences de pression extrêmement faibles. La deuxième loi, relative à l'influence de la longueur, et son analogue de la troisième, ne diffèrent de celles qui se concluent des mêmes théories ou expériences, que par une quantité généralement fort petite qui doit être ajoutée au terme relatif à la résistance des tuyaux, dont elle est véritablement indépendante, et vis-à-vis duquel elle peut être approximativement négligée pour des longueurs de tubes semblables à celles des principales expériences de M. Pecqueur.

» Quant à la quatrième loi, elle attribue aux diamètres des tubes une influence un peu supérieure à celle que leur assignent les théories déjà citées, puisque les vitesses, au lieu de croître comme la puissance $\frac{2}{3}$ du diamètre, doivent simplement être proportionnelles à leur racine carrée, ou, ce qui revient au même, elles doivent croître comme la racine quatrième de l'aire des sections des tubes, et non comme leurs racines cubiques. Or, cette différence peut également s'expliquer par l'omission du terme, indépendant de la résistance ou du frottement des tuyaux, qui provient, comme on le sait, des pertes de forces vives éprouvées par le fluide, tant à sa sortie qu'à son entrée dans ces tuyaux : pertes constatées par le phénomène des ajutages et dont les nouvelles expériences, relatives aux tubes les plus courts, rendent l'existence également manifeste.

» Ce n'est point ici le lieu d'insister sur les applications que M. Pecqueur a faites, du résultat de ses expériences, au projet d'établissement de son chemin de fer à air comprimé; la conséquence à laquelle il arrive, et d'après laquelle la perte de travail ou de pression motrice pour pousser l'air à des distances de plus de 154 kilomètres, soit 38 lieues, dans des tuyaux de $0^{m},3$ de diamètre, ne s'élèverait qu'au $\frac{1}{6}$ ou au $\frac{1}{7}$ seulement de la force employée, cette conséquence, disons-nous, paraît à l'abri de toute contestation, si l'on entend faire abstraction des fuites, des changements que pourrait subir la température extérieure, et qu'il n'existe aucun étranglement dans la conduite. Une aussi faible influence des frottements sous de petites vitesses, ou de grands diamètres, est parfaitement conforme aux résultats des expériences antérieures sur l'écoulement des liquides et des gaz, résultats que ceux de M. Pecqueur viennent ainsi confirmer pour des circonstances très-variées et des pressions considérables, puisqu'elles ont atteint, comme on l'a vu, le double de la pression extérieure. Nous passerons à une autre série d'expériences, qui intéressent plus particulièrement les progrès de la théorie de l'écoulement des gaz, et l'application générale que l'on peut avoir à en faire aux divers cas de la pratique.

» Dans cette nouvelle suite d'expériences, MM. Pecqueur, Bontemps et Zambaux ont supprimé le petit récipient, et, sans rien changer au surplus de l'appareil, ils ont laissé l'écoulement s'opérer à l'air libre, au travers des mêmes tubes qui avaient déjà servi aux précédentes expériences. Nous choisissons de préférence, pour la soumettre au calcul, la série dont les résultats sont consignés dans le tableau suivant, extrait textuellement de la Notice de M. Pecqueur, attendu qu'elle laisse le moins à désirer sous le rapport de la régularité et de l'exactitude. Les tubes, en plomb étiré, qui ont servi à ces expériences, avaient, sous différentes longueurs, $0^{mq},000083$ de section, ou $0^{m},01028$ de diamètre; l'un et l'autre obtenus au moyen de la pesée de l'eau de pluie que contenait 1 mètre de longueur de ces tubes. La pression effective et constante dans le grand récipient était de 2 atmosphères mesurées en colonne de $0^{m},76$ de mercure; la pression barométrique extérieure et la température n'ont point été observées non plus que dans les précédentes expériences; mais, en consultant le tableau météorologique du Bureau des Longitudes, dont M. Laugier a bien voulu me communiquer l'extrait, et en se reportant à la date du 2 juin (7 à 9 heures du soir), il nous a été possible de tenir compte, approximativement, de ces données essentielles dans les formules et les calculs. Ajoutons que la dépense ou le volume constant de gaz écoulé pendant les durées distinctes de ces mêmes expériences, a été évalué à $1^{mc},643$ sous la pression atmosphérique moyenne de $0^{m},76$, et cela, d'après une appréciation qui suppose que la température intérieure de l'air était la même que celle de l'atmosphère, ce qui s'écarte quelque peu de la vérité, comme on le verra ci-après.

Tableau du résultat des expériences.

Longueurs des tubes...	18,00,	9,00,	4,50,	2,25,	1,125,	0,562,	0,281,	0,140,	0,070,
Durées de l'écoulement.	202,	148,	106	85	72,	59,	53,	51,	51,
Dépenses par seconde..	0,00724,	0,00989,	0,01380,	0,01721,	0,02032,	0,02480,	0,02760,	0,0287,	0,0287.

» Dans ce tableau, les longueurs, les durées et les dépenses de gaz sont respectivement évaluées en mètres linéaires, en secondes sexagésimales et en mètres cubes ou fractions de mètre cube.

» Pour comparer les résultats contenus dans la dernière ligne horizontale de ce tableau, avec ceux de la théorie qui suppose la densité constante dans toute l'étendue du réservoir et des tubes, j'ai pris les formules connues

$$(1) \qquad Q = \Omega \frac{P}{p} V = \Omega \frac{P}{p} \sqrt{\frac{2g(P-p)}{\Pi\left(K + \frac{8\beta}{D} L\right)}}, \qquad \Pi = \Pi_0 \frac{P}{P_0} \frac{1}{1+\alpha\theta}, \qquad (2)$$

où $g = 9^{m},809$, P représente la pression intérieure dans le récipient, relative au mètre carré; p la pression atmosphérique extérieure; Π la densité ou le poids du mètre cube d'air sous la pression P et la température intérieure θ supposée ici la même que celle du dehors; $\Pi_0 = 1^{k},299$ la densité de l'air à $0°$ fournie par les Tables, $P_0 = 10330^{k}$ la pression atmosphérique moyenne de $0^{m},76$ de hauteur de mercure; $\alpha = 0,004$ le coefficient que l'on a coutume d'adopter dans ce genre de calculs pour tenir compte de l'humidité de l'air; K une constante relative aux contractions et pertes de forces vives qui ont lieu à l'embouchure et au débouché des tubes; Ω et D l'aire et le diamètre de leur section uniforme; L leur longueur; β un coefficient numérique relatif à la résistance de leurs parois; V enfin, la vitesse d'écoulement du gaz par seconde, et Q le volume correspondant de la dépense ramenée de la pression P du réservoir, à la pression extérieure p.

» On a supposé, avec M. Pecqueur et sans aucunes corrections, $P = 2P_0$, $p = P_0$, $\Omega = 0^{mq},000083$, $D = 0^{m},01028$; faisant, en outre, $g = 9^{m},809$, $\Pi_0 = 1^{k},3$, $\alpha = 0,004$, enfin $\theta = 20$ degrés, ce qui s'écarte peu de la vérité, et substituant ces différentes valeurs ainsi que celles de Q et de L, fournies par la troisième des lignes horizontales du tableau, dans les formules qui donnent Π et Q, on en a déduit les valeurs correspondantes de la fonction $K + \frac{8\beta}{D} L$, ou, plutôt, $K \frac{D}{8} + \beta L$. Prenant ensuite pour abscisses les longueurs L des tubes, et pour ordonnées les valeurs ainsi obtenues, on a construit une série de points qui se sont trouvés sur une même droite, à des différences près véritablement négligeables dans une question de cette espèce, et qui démontrent que la fonction dont il s'agit est, en réalité, très-propre à représenter l'ensemble des résultats de l'expérience. De plus, on déduit de cette comparaison toute simple,

$$K = 2{,}475,\quad \beta = 0{,}00295,$$

quantités dont les valeurs substituées dans l'expression ci-dessus de la dépense Q, reproduisent les résultats du tableau à un degré d'exactitude comparable à celui que comportent les expériences mêmes auxquelles ils correspondent respectivement.

» La constante K dépend, comme on l'a vu, du dispositif de l'embouchure des tubes; d'après le résultat des expériences connues relatives aux liquides, elle s'élèverait, au plus, à 1,5; mais on doit remarquer que ces tubes n'aboutissaient pas directement aux parois du récipient servant de réservoir, et qu'ils s'en trouvaient séparés par un bout de tuyau de $0^m{,}04$ de diamètre, de $0^m{,}3$ environ de longueur et formant un coude arrondi sous un angle droit ; circonstance qui, par elle-même, a dû modifier un peu les lois du mouvement, indépendamment des étranglements accidentels qui pouvaient avoir lieu dans les tubes, soit par les flexions auxquelles ils ont été naturellement soumis, soit à cause des dépôts résultant de l'opération du masticage de leur embouchure. Les résultats mentionnés ci-après démontrent, en effet, que cette considération n'est point fondée sur une pure hypothèse et se trouve conforme à la réalité des faits.

» Quant à la valeur de β, elle est un peu inférieure à celle 0,00324 qui lui a été assignée par M. Navier (*) d'après le résultat des expériences de M. d'Aubuisson, et sans tenir compte, ainsi que je viens de le faire, du terme constant K ; mais elle se rapproche beaucoup plus de la valeur 0,00308 que j'avais antérieurement déduite de la discussion du résultat de ces mêmes expériences (**) et de celle 0,00297 que lui avait primitivement assignée M. d'Aubuisson (***), en admettant ce terme et négligeant, à la vérité, dans le calcul, quelques circonstances peu influentes. L'accord de ces derniers résultats avec le précédent met en droit de conclure que le coefficient β est, en effet, sensiblement indépendant de la densité du fluide qui parcourt les tubes ;

(*) *Mémoire sur l'écoulement des fluides élastiques dans les vases et les tuyaux de conduite*, lu à l'Académie des Sciences le 1er juin 1829.

(**) *Leçons lithographiées de l'École d'application de Metz*, 6me section, n° 41.

(***) *Traité d'Hydraulique*, 2e édition, pages 591 et suivantes.

car, on l'aperçoit aisément, les corrections qu'il faudrait apporter aux résultats de nos premiers calculs en raison des effets de température et de pression, sans affecter aucunement le rapport des constantes K et β, tendraient, tout au plus, à les augmenter de quelques centièmes de leurs valeurs respectives.

» L'accord non moins remarquable des données expérimentales du tableau ci-dessus et des formules se soutient, à quelques anomalies près évidentes, pour tous les cas où l'on a opéré avec le grand récipient en laissant écouler directement le fluide dans l'atmosphère : expériences qui datent de la même époque que les précédentes, et dans lesquelles, sous des longueurs L, de 34 et 68^m, le rapport de P à p, a varié de $1\frac{1}{4}$ à $2\frac{1}{2}$. Il suffira de faire remarquer que le résultat en serait plus approximativement représenté, en moyenne, si l'on augmentait K et β de quelques centièmes de leurs valeurs ci-dessus, en prenant, par exemple, $K = 2,6$ et $\beta = 0,003$.

» D'un autre côté, la Notice présentée à l'Académie des Sciences, par M. Pecqueur, ne concernant que des tubes dont la moindre longueur égalait à peu près sept fois le diamètre, elle laissait à désirer que la série rapportée plus haut fût continuée jusqu'à des longueurs comparables à celles des ajutages cylindriques ordinaires, ou à peu près nulles, afin de se placer dans la condition des minces parois; car on sait qu'alors les phénomènes de l'écoulement se trouvent complétement modifiés. Malheureusement, le tube de $0^m,7$ de longueur avait été démonté, et, pour satisfaire à mon désir, il devint nécessaire de substituer un autre bout de tube neuf, exactement calibré à $0^m,001028$ de diamètre, et auquel on donna successivement les longueurs indiquées dans la Table ci-dessous, qui contient le résultat des expériences exécutées en ma présence, par MM. Pecqueur, Bontemps et Zambaux, le 21 juin dernier, de 3 à 7 heures de l'après-midi, sous une pression barométrique voisine de $0^m,76$, et une température d'environ 25 degrés centigrades, résultats qui se trouvent ici comparés à ceux que donnent les formules pratiques bien connues

$$(3)\quad Q = \mu\Omega\frac{P}{p}V = \mu\Omega\frac{P}{p}\sqrt{\frac{2g(P-p)}{\Pi}} = \mu\Omega\sqrt{2g\frac{P_0}{\Pi_0}\left(\frac{P}{p}-1\right)\frac{P}{p}(1+0,004\theta)},$$

dans lesquelles les lettres ont les valeurs et les significations déjà rapportées ci-dessus, et μ représente d'ailleurs un coefficient de *correction* ou de *contraction* purement numérique, analogue à celui qui se rapporte à la dépense des ajutages.

Numéros des expériences.	1.	2.	3.	4.	5.
Longueurs des tubes................	0^{m},100	0^{m},050	0^{m},025	0^{m},01	0^{m},00
Durées moyennes en secondes........	46″,33	46″,00	45″,00	44″,00	54″,67
Dépenses par seconde à la pression P_0.	0^{mc},03158	0^{mc},03180	0^{mc},03251	0^{mc},03325	0^{mc},02676
Valeurs du coefficient μ............	0,632	0,636	0,650	0,665	0,535

» Les coefficients μ, donnés par la dernière ligne de cette Table, suivent, comme on voit, à très-peu près, la marche de ceux qui ont été obtenus par Michelotti et d'autres observateurs habiles pour l'écoulement des liquides dans les ajutages de différents diamètres; mais ils sont généralement beaucoup plus petits, quoiqu'il y ait lieu de présumer que le maximum de leur valeur, évidemment compris dans l'intervalle 0,650 à 0,665, doive se rapprocher de 0,70. Ces mêmes coefficients, du moins leur maximum 0,665, et leur minimum 0,535, relatifs aux orifices en mince paroi, sont aussi de beaucoup inférieurs à ceux qui ont été obtenus par MM. d'Aubuisson et Lagerhjelm pour l'écoulement de l'air dans des circonstances analogues. Les valeurs respectives de ces derniers coefficients ont, en effet, été trouvées, par le premier de ces observateurs, égales à 0,649 et 0,926 en moyenne, sous des différences de pressions extrêmement faibles et dans des circonstances où le dispositif des orifices devait tendre à augmenter les contractions intérieures, et par conséquent les coefficients à la sortie. Dans les expériences de M. Lagerhjelm, qui a opéré sous des différences de pression beaucoup plus fortes, ces mêmes valeurs, en calculant les dépenses par les formules ci-dessus, et laissant de côté deux expériences, sur douze, relatives aux minces parois, dont les résultats, complétement anormaux, se trouvent évidemment transcrits, d'une manière erronée, dans la Table de cet auteur; ces mêmes coefficients de *correction* se sont encore élevés à 0,584 et 0,78, en moyenne.

» L'excès considérable de ces derniers coefficients sur les nôtres obtenus, à la vérité, sous des différences de pression vingt fois plus fortes, nous a fait penser qu'il devait exister, à l'embouchure, quelque obstacle intérieur, analogue à ceux qui ont pu accroître les valeurs de la constante K dans les expériences relatives aux longs tuyaux, obstacle qui devait plus particulièrement porter sur la réduction du diamètre des orifices ou sections de ces tuyaux; car le principe des forces vives, d'accord en cela avec les faits de l'expérience relatifs aux ajutages, indique que les contractions et frottements occasionnés par le dispositif de l'appareil où les orifices étaient, comme on l'a vu, pratiqués à l'extrémité d'un tube recourbé, outre qu'ils ne pouvaient exercer une influence appréciable pour le diamètre 0,01028, soumis ici à l'expérience, tendaient, au contraire, à augmenter la valeur de la dépense effective et du coefficient μ, tout en produisant une diminution de vitesse, une perte de charge motrice ou de force vive.

» Ces doutes, ces incertitudes sur les véritables valeurs du coefficient de contraction, relatif aux orifices en mince paroi, dans les expériences qui nous occupent, ne pouvaient être levés qu'en modifiant complétement le dispositif ou en supprimant tout ajutage intérieur et extérieur. M. Pecqueur n'hésita pas à percer la paroi latérale du grand récipient, en tôle de cuivre de 1 millimètre environ d'épaisseur, d'un orifice de 0^m,01028 de diamètre, évasé extérieurement avec une fraise, placé, d'ailleurs, à de très-grandes distances du fond du récipient ou du tube d'admission, et à l'aide duquel on opéra exactement comme dans les précédentes expériences, que les dernières ont suivies pour ainsi dire sans intervalle. Le même orifice fut ensuite agrandi de manière à lui donner un diamètre exact de 0^m,0145, et dont l'aire était ainsi à très-peu près le double de celle du précédent. Nous inscrivons ici les données moyennes de ces deux expériences, qu'on a eu le soin de répéter trois fois consécutivement :

Diamètres des orifices.	0^m,01028	0^m,0145
Durées totales de l'écoulement.	52″	26″
Dépenses par seconde, à la pression $p = P_0$.	0^m,02813	0^m,05626
Valeurs du coefficient de contraction μ. . .	0,563	0,566

» La légère différence de ces coefficients doit être principalement attribuée aux erreurs qui ont pu être commises sur le mesurage des diamètres ou sur l'appréciation du temps au moyen du pendule à secondes. L'un et l'autre se rapprochent beaucoup plus, comme on voit, du coefficient 0,584, obtenu par M. Lagerhjelm, que celui 0,535 de nos précédentes expériences, quoiqu'il lui soit encore inférieur; et, si l'on a égard aux différences considérables des pressions génératrices dans les deux cas, on sera conduit à admettre, en faisant entrer pareillement en ligne de compte le résultat moyen 0,65, obtenu par M. d'Aubuisson pour des pressions très-petites ($\frac{1}{74}$ d'atmosphère au plus), que le *coefficient de contraction est, pour les gaz comme pour les liquides, susceptible de décroître à mesure que les charges augmentent* (*), et cela suivant une marche absolument pareille; car l'expérience de Mariotte sur le pouce de fontainier, dans laquelle la charge était de 1 ligne seulement, a donné $\mu = 0,67$, ou mieux 0,69, tandis que les plus fortes charges ont abaissé la valeur de μ à 0,60, dans les expériences de Michelotti.

(*) *Expériences hydrauliques*, présentées à l'Académie des Sciences en 1829, par MM. Poncelet et Lesbros. Paris, 1832.

» Cette circonstance pourra en même temps servir d'explication à la différence très-forte qui existe entre les coefficients de contraction 0,65 et 0,584 de MM. Lajerhjelm et d'Aubuisson, différence qui, jusqu'ici, avait été rejetée uniquement sur les erreurs d'observations ou sur le dispositif de la tubulure, assez large, qui recevait les orifices de ce dernier expérimentateur. Je le répète, ce dispositif n'exerçait en lui-même, pas plus que dans les expériences de M. Pecqueur, aucune influence appréciable pour accroître le coefficient de contraction des plus petits orifices, et les chances d'erreurs à craindre, dans les circonstances analogues, reposent principalement sur l'évaluation du diamètre de ces orifices.

» D'un autre côté, si l'on se reporte au texte de M. d'Aubuisson (*Annales des Mines,* tome XIII, année 1826), on verra, par les observations qui suivent le tableau de ses expériences, que ce savant ingénieur avait d'abord obtenu le coefficient 0,707 pour l'orifice de $0^{m},01$ de diamètre, et que ce n'est qu'en corrigeant cette dimension dans les calculs, qu'il est arrivé au coefficient moyen 0,65 dont il excuse, en quelque sorte, la prétendue exagération, en citant une expérience de feu notre confrère M. Girard, dans laquelle le coefficient de contraction, pour un orifice de $0^{m},01579$ de diamètre et une charge génératrice de $0^{m},03383$, mesurée en colonne d'eau, s'est également élevé à 0,714. Aussi pensons-nous que la valeur de ce coefficient, relatif à d'aussi petites charges, est plus voisine de 0,71 que de 0,65. C'est, au surplus, ce qui résulte également de la grandeur même du coefficient moyen 0,926 obtenu par M. d'Aubuisson, pour les courts ajutages, comme on le verra ci-après.

» Maintenant, si l'on observe que la moyenne 0,564 des coefficients fournis par les expériences ci-dessus, sur les orifices en mince paroi, excède à peine de $\frac{1}{19}$ le coefficient 0,535 obtenu précédemment, on ne fera aucune difficulté d'admettre qu'il existait pour ce dernier cas, dans l'orifice lui-même, une cause de réduction, sinon de la vitesse, du moins de la section où s'opère la plus forte contraction du jet. Le démontage du tube accessoire, courbe, qui avait servi dans toutes les expériences antérieures de MM. Pecqueur, Zambaux et Bontemps, est venu finalement confirmer ce soupçon; car les écailles de mastic durci, que contenait ce tube, poussées, soulevées par le courant d'air, ont dû se présenter devant l'orifice d'admission, l'obstruer plus ou moins, sans pouvoir le franchir entièrement, et, par suite, oblitérer la veine en provoquant, dans le cas des ajutages ou tubes extérieurs de diverses longueurs, une série de réflexions, d'ondulations décroissantes qui devaient produire l'effet d'autant d'étranglements ou de rétrécissements, plus ou moins brusques, de la *section vive* de ces tubes.

» De là, d'ailleurs, l'explication de la solution de continuité qui se laisse apercevoir entre les résultats de la seconde série d'expériences, relative aux courts ajutages et ceux de la première série, où, sous un même diamètre $0^m,01028$, le tube de $0^m,07$ a donné une moindre dépense que ses correspondants de $0^m,05$ et $0^m,10$ de longueur dans l'autre série. De là aussi l'explication de l'exagération même de la valeur 2,475 de la constante K, à laquelle nous sommes parvenus pour la première série d'expériences, constante que M. Eytelwein supposait d'environ 1,515 dans ses recherches de 1814 sur l'écoulement de l'eau au travers des tuyaux de conduite, que M. d'Aubuisson a prise égale à l'unité dans la formule qui représente le résultat de ses expériences sur le mouvement de l'air, et dont la valeur, d'après la théorie de Borda, fondée sur l'hypothèse d'une perte de force vive à l'entrée de la conduite, aurait dû être ici

$$K = 1 + \left(\frac{1}{\mu} - 1\right)^2 = 1,757$$

seulement, même en prenant le coefficient de contraction μ, relatif à l'orifice d'introduction, égal à la valeur 0,535 que lui assignent nos dernières expériences pour le cas de la paroi mince ou d'un ajutage de longueur nulle, placés à l'extrémité de la tubulure de $0^m,30$.

» Or, la grande différence entre cette dernière valeur 1,757 de K et la valeur effective $K = 2,475$, dans les premières expériences sur les longs tubes, paraît indiquer que la perte de force vive ou la réduction de vitesse et de dépense qui lui correspondent, serait, en effet, plus grande que ne le suppose le coefficient $\mu = 0,535$, qui porte ici plus spécialement sur l'aire de l'orifice d'introduction; de sorte qu'il faut bien admettre, non pas seulement qu'il y avait diminution de la section du jet à l'entrée des tubes, mais, comme on l'a dit, oblitération et, par suite, production de rétrécissements véritables dans la *section vive* du courant, lesquels pour les longs tubes en plomb, soumis à l'expérience par M. Pecqueur, ont pu se joindre aux défauts naturels de calibrage de ces tubes si facilement déformables. Ces défauts n'existant pas, je l'affirme, dans les expériences faites le 21 juin, en ma présence, sur les ajutages de $0^m,10$ de longueur et au-dessous, cela seul suffit pour expliquer la solution de continuité, l'anomalie remarquée entre les deux séries de résultats qui s'y rapportent.

» Mais il y a plus encore : on sait que la théorie de Borda, appliquée aux courts ajutages, donne dans le cas des liquides, un coefficient de réduction de la vitesse 0,86 au lieu de 0,82 indiqué par l'expérience; ce qui suppose une nouvelle cause d'accroissement des pertes de force vive, dont la formule ci-dessus ne tient pas compte, et à laquelle on aura égard en lui appliquant le facteur numérique 1,1 pour tous les cas analogues. L'exactitude de l'expression ci-dessus de K, qui provient des pertes de force vive et a été admise, d'après Borda, par Petit, Navier et d'autres auteurs, cette exactitude, comme on sait, a été révoquée en doute, dans ces derniers temps, par quelques personnes prévenues contre le mode de démonstration que ces illustres savants avaient employé en invoquant le principe de Carnot ou la théorie du choc des prétendus corps durs; comme si la réalité des nombreux faits qui confirment un pareil résultat, pouvait dépendre de la nature des démonstrations géométriques dont on s'est servi pour le justifier ou l'établir à priori. C'est pourquoi il me paraît utile de faire observer que l'on arrive à la même conséquence par plusieurs genres de raisonnements, dont le moins contestable peut-être, repose sur une donnée mathématique et physique entièrement évidente : c'est que les molécules fluides, à cause de leur parfaite mobilité, ne peuvent, quand il existe une cause de trouble ou de ralentissement plus ou moins brusque, perdre l'excès de leur vitesse primitive de régime, c'est-à-dire uniforme et parallèle, sur celle qu'elles prennent ensuite, qu'en tourbillonnant les unes autour des autres, ou en pirouettant sur elles-mêmes; car le travail dû à la faible adhérence qui les unit entre elles, les vibrations qu'elles reçoivent ou excitent par leur frottement contre les parois, etc.; toutes ces causes ne sauraient rendre compte de la diminution de vitesse rapide et apparente qui nous occupe, et qui s'observe dans une infinité de circonstances. Or, la force vive d'un corps ou d'un assemblage quelconque de molécules se compose, comme on sait, d'après un théorème de Lagrange, de la force vive relative au mouvement de translation générale du centre de gravité, et de celle qui se rapporte à la rotation autour de ce centre ou au déplacement relatif des parties.

» Lors donc qu'on applique le principe de la conservation des forces vives aux fluides, en supposant leurs molécules animées d'un simple mouvement de translation parallèle, dans certaines régions prismatiques d'un vase, on commet une double erreur, dont l'une, celle qui a été évaluée par Borda, provient de la force vive *dissimulée* dans la rotation des molécules ou groupes de molécules, et dont l'autre est généralement due (*) à l'inégalité et à l'obli-

(*) *Voyez* le Mémoire déjà cité : *Expériences hydrauliques*, pages 166 et suiv., n° 159.

quité même des vitesses ou des filets fluides; c'est pourquoi on doit les considérer comme autant de pertes qui viennent s'ajouter au terme relatif à la force vive principale ou de pure translation. Ces différentes pertes, bien qu'elles ne soient pas rigoureusement déterminées par le calcul, dans l'état actuel de nos connaissances théoriques, peuvent du moins être observées et appréciées au moyen de la comparaison des résultats fournis par le théorème général des forces vives, avec les données immédiates de l'expérience. De plus, il convient de remarquer qu'il en est ainsi de toutes les autres pertes de travail provenant des actions moléculaires, dont la nature intime nous sera, de longtemps encore, inconnue, telles que frottements et réactions au contact, vibrations, oscillations et résistances diverses.

» Nier, en particulier, l'existence des pertes ou dissimulations de force vive dans le cas qui nous occupe, ce serait se refuser à l'évidence même des faits et des résultats irrécusables de l'expérience exposés ci-dessus, lesquels démontrent que, pour ce cas, et bien qu'il s'agisse de l'écoulement d'un gaz, les pertes dont il s'agit, loin d'être nulles ou très-faibles, comme l'ont prétendu ceux qui font entrer en ligne de compte le jeu de l'élasticité moléculaire, deviennent, au contraire, notablement supérieures à celles qui s'observent, dans le cas analogue, pour les liquides.

» A l'égard de l'accroissement 0,1 de K, mentionné plus haut, il s'explique d'après la circonstance que les vitesses des molécules fluides qui parcourent les tubes dans nos expériences, quoique parallèles, sont inégales à la sortie de ces tubes; ce qui fait que la somme de leurs forces vives surpasse réellement celle qui se déduit de l'hypothèse du parallélisme des tranches ou d'une *vitesse moyenne* calculée expérimentalement, comme on est obligé de le faire, d'après Bernoulli, dans l'application des formules, en divisant la dépense effective par l'aire de la section transversale des tubes.

» D'après cette manière de voir, le coefficient maximum de réduction de la vitesse ou de la dépense, dans le cas des courts ajutages, serait représenté par la formule

$$(4) \qquad \mu' = \frac{1}{\sqrt{1,1\left[1+\left(\frac{1}{\mu}-1\right)^2\right]}} = \frac{0,95}{\sqrt{1+\left(\frac{1}{\mu}-1\right)^2}},$$

dans laquelle on néglige, à juste raison, le frottement des parois, vis-à-vis des autres causes perturbatrices qui viennent changer complétement et brusquement la loi du mouvement.

» En faisant $\mu = 0,535$, comme nous l'avons trouvé dans le cas de l'orifice en mince paroi, de $0^m,01028$ de diamètre, placé à l'extrémité de la tubulure courbe, on obtient $\mu' = 0,72$, valeur beaucoup plus forte que le maximum 0,665 des coefficients de réduction fournis par notre dernière table d'expériences, et qui suppose à la constante K une valeur 2,262, très-voisine de celle 2,475 que nous lui avons trouvée pour les longs tubes, quoiqu'elle lui soit encore inférieure par suite des causes anomales précitées. Si l'on adopte, au contraire, le coefficient de contraction $\mu = 0,564$ fourni par nos dernières expériences, en mince paroi, où il ne devait exister aucune cause de trouble, on trouve $\mu' = 0,76$, et tel nous paraît devoir être, à très-peu près, le coefficient de réduction maximum de la dépense ou de la vitesse, dans le cas des courts ajutages, sous des différences de pressions équivalentes à 1 atmosphère.

» Enfin, si l'on applique pareillement la formule qui donne μ', aux expériences citées de MM. Lagerhjelm et d'Aubuisson, sur les courts ajutages, en y supposant successivement $\mu = 0,584$ et $\mu = 0,65$, on obtient : 1° $\mu' = 0,78$, au lieu des coefficients 0,84 et 0,72 fournis par les deux expériences anomales du premier de ces observateurs; 2° $\mu' = 0,84$, au lieu de 0,926, moyenne des résultats obtenus par le second. Mais, si conformément aux observations ci-dessus, l'on adopte, d'après l'expérience de M. Girard, relative aux très-petites charges et aux minces parois, $\mu = 0,714$, on trouve, pour ce dernier cas, $\mu' = 0,89$; ce qui confirme la conséquence déduite du rapprochement des mêmes observations.

» D'après cela, il nous paraît donc impossible, même en se bornant au petit nombre des faits précédents, de révoquer en doute, pour le cas qui nous occupe, la légitimité de la méthode d'après laquelle Borda, dans son remarquable Mémoire de 1766, a proposé d'évaluer la perte de force vive, et l'on ne peut qu'être surpris autant qu'affligé, dans l'intérêt des applications de la science, de voir les auteurs déjà mentionnés, probablement mal éclairés à cet égard, nier les conséquences d'un principe aussi solidement établi. Je rappellerais d'ailleurs à ce sujet, s'il était nécessaire, que, dans les nombreuses applications que j'ai eu à faire de ce même principe, à l'appréciation des effets des machines où l'air et l'eau étaient mis en mouvement, les résultats du calcul se sont toujours accordés convenablement avec ceux de l'observation directe. Bientôt d'ailleurs, je l'espère, il me sera possible de publier les données des nombreuses expériences exécutées à Toulouse, par M. Castel et par moi, dans les années 1840 et 1841, en vue de vérifier, d'une manière plus spéciale, la perte de force vive produite par les étranglements de diverses grandeurs, dans les vases où circulent les liquides; et alors, je me plais à le croire, la conviction intime que j'ai toujours eue de l'exactitude de cette même expression, et que partagent aussi tous ceux qui ont consenti à en faire des applications, deviendra assez générale pour que cette exactitude, désormais à l'abri de toute discussion, soit mise au nombre des faits les mieux établis.

» On sait d'ailleurs qu'avant Borda, Daniel Bernoulli, dans son immortelle *Hydrodynamique,* avait aussi reconnu l'existence d'une perte de force vive ou de charge motrice dans les changements brusques de section des vases; perte d'abord démontrée par une curieuse et célèbre expérience de Mariotte. Bernoulli, en effet, avait parfaitement senti qu'il se passe ici quelque chose d'analogue à ce qui a lieu dans la rencontre des corps privés de toute élasticité, et cela en vertu même du principe de la conservation du mouvement du centre de gravité ou de son analogue relatif aux échanges des pressions et des quantités de mouvement; mais il n'avait pas osé en tirer la conséquence, admise depuis par Borda, que la perte de force vive est justement mesurée par la force vive due à la *vitesse perdue,* et il se borna à l'estimer, pour les fluides, d'après la différence même des forces vives qui ont lieu avant et après le changement brusque; principe qui a été admis ensuite par Dubuat, Bossut et leurs successeurs MM. Eytelwein, d'Aubuisson, etc., malgré les ingénieuses expériences de Borda, pour établir le vice et l'inexactitude de cette doctrine, de laquelle il résulterait, par exemple, pour le cas qui nous occupe, que l'on devrait substituer à l'expression

$$1 + \left(\frac{1}{\mu} - 1\right)^2, \text{ celle-ci } \frac{1}{\mu^2},$$

pour les courts ajutages, en changeant implicitement l'acception de μ, qui devient ainsi le coefficient de réduction même fourni par l'expérience. Or, sans insister ici sur les erreurs auxquelles cette manière de raisonner a pu conduire dans quelques cas, il est évident qu'une formule qui, au point de départ, et pour le cas le plus simple, est impuissante à rien découvrir en se fondant sur le fait primitif et bien connu de la contraction intérieure, est par là même dénuée de tout caractère de certitude et d'utilité.

» Nous avons un peu insisté sur cette discussion et les précédentes, parce qu'elles tendent à éclaircir un point fondamental et d'autant plus important de la théorie de l'écoulement des gaz, qu'elles nous permettront de poser, avec confiance, et en attendant des observations encore plus précises, des règles pratiques pour calculer le volume de la dépense des orifices en minces parois planes et des tubes de divers diamètres ou longueurs; mais, auparavant, il paraît indispensable de présenter brièvement quelques autres remarques également essentielles pour l'objet qui nous occupe.

» Observons d'abord que les légères incertitudes qui pourraient exister sur la véritable valeur de la constante K, qui entre au dénominateur de la formule (1) relative à la dépense par les longs tubes complétement ouverts aux extrémités et sans étranglements intérieurs, ne pourrait exercer qu'une influence négligeable dans les cas d'application où leur diamètre serait, au plus, le $\frac{1}{1000}$ de leur longueur; qu'ainsi la discussion qui précède, relative à l'influence de la perte de force vive à l'entrée, leur est à peu près étrangère, et ne devrait être prise en considération qu'autant qu'il s'agirait de tubes fort courts, ou dans lesquels les rétrécissements seraient beaucoup plus grands ou plus multipliés que ne le suppose la simple contraction, la déviation même du jet, existantes à l'embouchure de ceux que M. Pecqueur a soumis à ses belles et nombreuses expériences. Quant aux défauts inhérents au bosselage des tuyaux, à leur réduction de section intérieure, ils deviendront moins apparents pour des conduites d'un grand diamètre, et, dans tous les cas, comme on l'a vu, leur influence ne peut que tendre à accroître un peu les pertes de force vive ou la constante K, dont, au surplus, on diminuerait de 0,55 environ la valeur, si l'on évasait convenablement l'embouchure des conduits.

» D'un autre côté, l'erreur commise sur l'appréciation du diamètre des tubes soumis à l'expérience, et l'effet même de leur dilatation sous l'influence des changements de température, n'ont pu qu'être insensibles d'après le mode et les circonstances du mesurage. Nous avons également fait observer, au commencement de cette Note, que les corrections à apporter dans les formules (1) et (3) qui servent à calculer les dépenses, relativement aux pressions et aux températures, ne pouvaient qu'introduire dans les résultats un facteur numérique plus ou moins voisin de l'unité, et qui, en effet, n'exercerait aucune influence appréciable, s'il était permis d'admettre, comme on l'a fait dans les calculs, que les températures du grand récipient et du magasin ou réservoir alimentaire fussent demeurées égales à celles du dehors; mais il paraît évident qu'il n'en a pas dû être ainsi, puisque la pression, dans ce réservoir, a diminué graduellement pendant la durée des expériences, de manière à passer, dans un intervalle souvent moindre d'une minute, de $2\frac{3}{4}$ à 2 atmosphères.

» Une observation dans laquelle M. Pecqueur et moi avons tenu note du relèvement de la pression finale dans le magasin, après l'écoulement de l'air qui avait servi à l'une des dernières expériences sur l'orifice de $0^m,0145$, et dont le résultat moyen se trouve rapporté plus haut, cette observation, dis-je, nous a convaincus que l'abaissement de la température intérieure a dû être appréciable, puisqu'elle correspondait à un relèvement de tension de 0,08 environ d'atmosphère, provenant du réchauffement même de la masse fluide au travers de l'enveloppe. Le calcul approximatif que, depuis, j'ai établi sur cette donnée, d'après quelques hypothèses plus ou moins plausibles, tendrait à prouver que la réduction à faire subir au coefficient μ de la contraction, pour les orifices en minces parois et des différences de pressions équivalentes à 1 atmosphère, pourrait s'élever aux 0,06 environ de la valeur 0,564 qui lui a été attribuée précédemment, ce qui donnerait $\mu = 0,53$ seulement. Mais ce calcul ne tient pas compte de l'échauffement produit antérieurement par le refoulement de l'air dans le magasin, ainsi que de plusieurs autres circonstances favorables tendant à diminuer le chiffre ci-dessus de la réduction : ce chiffre s'applique, en effet, à l'une des expériences où l'influence du refroidissement a dû être le plus considérable, et nous l'avons choisie de préférence, dans la vue de reconnaître s'il y avait lieu de modifier les conséquences auxquelles on est conduit, d'après l'ensemble des résultats obtenus par M. Pecqueur; résultats dont l'accord satisfaisant, soit entre eux, soit avec les faits antérieurement connus, permettrait d'espérer une solution usuelle et suffisamment approchée des questions relatives à l'écoulement de l'air par les orifices des vases et des conduits. En attendant, nous pouvons tirer du rapprochement de ces différents faits, quelques conséquences dont la plus importante se rapporte aux lois, aux circonstances physiques mêmes qui accompagnent l'écoulement des gaz, et sur lesquelles je n'ai point jusqu'ici insisté.

» M. Navier, dans un Mémoire déjà cité, est parvenu à une série de remarquables formules, en se fondant sur l'hypothèse que, pendant leur écoulement, les gaz se détendent exactement suivant la loi de Mariotte; ce qui revient à supposer que le rayonnement des parois et la chaleur qu'elles reçoivent de l'espace extérieur ou des corps environnants, maintiennent ces gaz à une température à très peu près constante. MM. de Saint-Venant et Wantzel ont déjà démontré, dans un intéressant Mémoire inséré en 1839, au XXVIIe Cahier du *Journal de l'Ecole Polytechnique,* en s'appuyant du résultat de leurs propres expériences, que les formules de M. Navier, outre qu'elles conduisent à quelques difficultés d'interprétation, n'étaient point conformes aux effets naturels lors des fortes différences de pressions; mais l'appareil employé par ces savants ingénieurs, dans cette circonstance, et celui dont ils se sont servis postérieurement (*), en vue de découvrir les lois de l'écoulement

(*) *Comptes rendus des séances de l'Académie des Sciences,* tome XVII (1843), page 1140.

de l'air par les orifices percés en parois plus ou moins minces, ne leur ont pas permis d'arriver, même pour ce cas simple, au résultat général que les précédentes expériences de M. Pecqueur mettent en parfaite évidence, et qui est relatif à la suppression de toute détente ou dilatation avant l'arrivée du fluide dans l'espace extérieur.

» Celles que j'ai exécutées, de concert avec cet habile constructeur, le 21 juin dernier, sur des orifices de cette espèce et sous des différences de pressions équivalentes à 1 atmosphère, ces expériences montrent, en particulier, malgré la légère incertitude existante sur les effets du refroidissement de l'air dans le magasin, que la formule logarithmique de M. Navier, relative à ce cas, ne saurait être admise pour calculer la dépense; car, afin d'en faire coïncider les résultats avec ceux de l'expérience, il conviendrait de lui appliquer un coefficient de réduction qui, d'après le calcul, serait à très-peu près, 1,7 fois celui qui se rapporte aux formules (3) relatives à l'hypothèse de l'incompressibilité, c'est-à-dire $1,7.0,564 = 0,96$, ou, tout au moins, $1,7.0,53 = 0,90$. Or de pareils résultats sont tout à fait en désaccord avec les notions théoriques et expérimentales acquises sur la contraction des veines gazeuses ou liquides au sortir des réservoirs de compression; ils supposeraient la destruction progressive de toute courbure des filets dans la veine, courbure qui maintient la pression dans l'orifice, à une valeur qui diffère très-peu de la pression motrice entière, comme on le sait par des expériences de plus d'une espèce. Il paraît, au contraire, évident que les effets de contraction dépendent principalement de la forme géométrique du réservoir ou de l'orifice, et croissent même avec la pression, comme il arrive pour les liquides; cette circonstance suffit pour expliquer la constance de la densité, avant l'instant où le fluide, parvenu à la section pour laquelle la contraction devient la plus forte, animé d'ailleurs de sa vitesse totale, va s'épanouir ou se détendre par une sorte d'explosion que le refroidissement et la condensation des vapeurs rendent très-sensible à l'œil.

» Au surplus, les phénomènes de contraction peuvent être observés pour la vapeur d'eau, aussi bien que pour les gaz permanents, à toutes températures ou à toutes pressions, et il y a tout lieu de supposer que l'écoulement s'y opère aussi, sans aucune détente et à la manière des liquides. Mais, si les phénomènes dont il s'agit rendent le fait évident pour le cas de l'écoulement par les orifices en minces parois, on ne saurait l'expliquer aussi facilement pour celui où l'écoulement s'opère dans les longs tubes soumis à l'expérience par M. Pecqueur; car les mêmes principes qui conduisent à l'équation (1) pour calculer la dépense de gaz par ces tubes, montrent aussi que la pression moyenne qui, d'abord, atteint sa valeur minimum dans l'espace où s'opère la contraction de la veine, croît ensuite très-rapidement par l'effet de la courbure des filets, dirigée en sens inverse, pour finir par décroître lentement et progressivement en raison des frottements, jusqu'au débouché du tube où on la suppose ordinairement égale à la pression extérieure.

» Or, le mouvement dans toute cette dernière partie, dont l'étendue, selon nos expériences sur les simples ajutages, est, à 2 diamètres près, égale à la longueur entière du tube, ce mouvement étant uniforme et parallèle, doit permettre d'assimiler l'effet des pressions à celui qui aurait lieu dans un espace relativement en repos; de sorte que, d'après les notions généralement admises sur les propriétés statiques des fluides gazeux, la diminution progressive de ces pressions devrait être suivie d'une détente que le rayonnement des parois, s'il était appréciable pour des mouvements aussi rapides, ne pourrait qu'augmenter encore. On est donc contraint d'admettre, ou que, par des causes jusqu'ici inexpliquées, la diminution de la pression *moyenne,* due au frottement du gaz le long du tube, produit un abaissement proportionnel de la température, de manière à maintenir la densité constante d'après les lois combinées de Mariotte et de Gay-Lussac, ou que ce frottement lui-même n'a pour effet que de produire des vibrations, des rotations moléculaires qui ne modifient pas sensiblement la pression et la densité, de sorte qu'ici encore, la perte de force motrice ne serait que de la force vive dissimulée; ou bien, ce qui est moins satisfaisant pour l'esprit, mais moins hasardé peut-être, les effets calorifiques et dynamiques se balanceraient assez pour masquer, dans les formules et lorsqu'il s'agit seulement de tubes de 68 mètres de longueur, ceux qui accompagnent d'ordinaire la diminution de densité des gaz.

» D'ailleurs, il y a tout lieu de croire que des compensations analogues s'opèrent dans l'écoulement de la vapeur d'eau au travers des tubes, même quand ils sont métalliques et d'une certaine longueur. Enfin on sait que, malgré les savantes recherches des géomètres et des physiciens, on ne possède pas encore des idées bien arrêtées sur ce qu'on nomme la pression ou la température des fluides en mouvement, et que l'on manque aussi d'instruments propres à les apprécier avec une suffisante exactitude; car les manomètres, les piézomètres et les thermomètres, à cause des effets dynamiques qu'ils provoquent ou de leur peu de sensibilité, ne sauraient être employés, même dans le cas de mouvements uniformes un peu rapides.

» En résumé, et en attendant de nouvelles vérifications expérimentales, nous conclurons de l'ensemble des discussions et des faits exposés dans la présente Note :

» 1°. Que les gaz suivent, dans leur écoulement au travers des orifices et des tubes, entre des limites étendues de pressions ou de longueurs de ces tubes, les mêmes lois que pour les liquides ou que s'ils étaient parfaitement incompressibles;

» 2°. Qu'ils éprouvent aussi les mêmes contractions et pertes de forces vives, dont les dernières sont indiquées, d'une manière suffisamment approchée, par les méthodes de l'illustre Borda;

» 3°. Que, pour les orifices en minces parois, très-petits par rapport aux dimensions transversales du réservoir et dont les gaz s'écouleraient sous une pression constante, le coefficient μ de la *contraction* extérieure de la veine, applicable aux formules (3), qui fournissent la dépense par seconde, est approximativement

0,71, 0,65, 0,58, 0,56 ou 0,55

sous des différences de pressions équivalentes à

0,003, 0,010, 0,050, 1,000

fois la pression extérieure respectivement, l'orifice se trouvant d'ailleurs parfaitement isolé des faces latérales du réservoir, ou la contraction étant ce qu'on nomme *complète;*

» 4°. Que, sous les mêmes charges ou pressions relatives, le coefficient μ ou μ' de *réduction* de la vitesse et de la dépense, applicable aux formules (3), est, pour les mêmes orifices, muni d'un court ajutage, sensiblement représenté par la formule (4);

» 5°. Enfin, que, pour les gaz s'écoulant sous les mêmes conditions, au travers de longs tubes, sans obstacles ni rétrécissements intérieurs plus ou moins brusques, et qui débouchent librement dans une capacité extérieure, très-grande, où le gaz est maintenu à une pression constante, la dépense et la vitesse peuvent être calculées au moyen des formules (1) et (2), sans coefficients de réduction, et en y supposant aux constantes K et β les valeurs

$$K = 1,1\left[1 + \left(\frac{1}{\mu} - 1\right)^2\right], \quad \beta = 0,003,$$

dans la première desquelles on substituera, pour le coefficient μ de contraction relatif à l'orifice d'introduction, les valeurs qui se trouvent indiquées ci-dessus.

» En terminant, nous ferons observer que ces conclusions viennent confirmer et corroborer, d'une manière remarquable, les opinions ou assertions émises dans deux Notes insérées aux pages 1058 et 1094 du tome XVII des *Comptes rendus des séances de l'Académie des Sciences* (année 1843), Notes qui avaient trait à une discussion relative au mode de calculer le travail et la pression dans le cylindre des machines à vapeur, en tenant principalement compte des frottements, des pertes de force vive que le fluide éprouve dans son passage de la chaudière au cylindre, et de celui-ci au condenseur. Ces assertions, fondées sur l'observation de faits assez nombreux et l'accord satisfaisant des données immédiates de l'expérience et du calcul, avaient besoin d'une justification plus absolue, et qui nous a été offerte par les utiles travaux de M. Pecqueur. Les conséquences qui se déduisent de l'ensemble des résultats obtenus laissent, à la vérité, encore quelques incertitudes, du moins quant à la détermination de certains coefficients ou facteurs numériques des formules; mais il y a tout lieu d'espérer, grâce au généreux dévouement de M. Pecqueur pour les intérêts de la science et de l'industrie, que cette détermination pourra prochainement être soumise à une vérification plus directe et plus précise, de manière à fixer entièrement l'opinion du public et de l'Académie. »

IMPRIMERIE DE BACHELIER,
Rue du Jardinet, 12.

www.ingramcontent.com/pod-product-compliance
Ingram Content Group UK Ltd.
Pitfield, Milton Keynes, MK11 3LW, UK
UKHW021035200726
13857UKWH00004B/1733